谨以此书献给我最热爱的故乡——北京，

亦献给每一位热爱北京城的大朋友和小朋友们！

# 探秘四合院

## ④

## 宅院深深有洞天

叶 木◎著

中国人民大学出版社

·北京·

**图书在版编目（CIP）数据**

探秘四合院. 4，宅院深深有洞天 / 叶木著. -- 北
京：中国人民大学出版社，2022.3
ISBN 978-7-300-30280-5

Ⅰ. ①探… Ⅱ. ①叶… Ⅲ. ①北京四合院－介绍②北
京四合院－建筑设计－研究 Ⅳ. ①TU241.5

中国版本图书馆CIP数据核字 (2022) 第023316号

**探秘四合院（4）——宅院深深有洞天**

叶 木 著

Tanmi Siheyuan (4)— Zhaiyuan Shenshen Youdongtian

| | | | | |
|---|---|---|---|---|
| **出版发行** | 中国人民大学出版社 | | | |
| **社　　址** | 北京中关村大街31号 | | **邮政编码** | 100080 |
| **电　　话** | 010-62511242（总编室） | | 010-62511770（质管部） | |
| | 010-82501766（邮购部） | | 010-62514148（门市部） | |
| | 010-62515195（发行公司） | | 010-62515275（盗版举报） | |
| **网　　址** | http://www.crup.com.cn | | | |
| **经　　销** | 新华书店 | | | |
| **印　　刷** | 北京瑞禾彩色印刷有限公司 | | | |
| **规　　格** | 185mm×240mm　16开本 | | **版　　次** | 2022年3月第1版 |
| **印　　张** | 17.75　插页 2 | | **印　　次** | 2022年3月第1次印刷 |
| **字　　数** | 195 000 | | **定　　价** | 128.00元（全5册） |

# 主角档案

## 男一号

姓名：赳赳

性别：男

原型：石狮子

年龄：保密

生日：庚午年三月初一

性格：威武雄健，精灵好动，贫嘴一枚，对一切充满好奇，能变化成各种人物角色，经常会闹出笑话，惹出乱子，人称"机灵鬼赳赳"。

名字起源于《诗经·国风·周南·兔罝（jū）》：赳赳武夫，公侯干城。

## 女一号

姓名：娈娈

性别：女

原型：石狮子

年龄：保密

生日：己巳年十月初二

性格：妩媚可爱，聪明善良，狮子界里的学霸！熟知中华上下五千年的历史，人称"万事通娈娈"。

名字起源于《诗经·小雅·甫田之什·车舝（xiá）》：间关车之舝兮，思娈季女逝兮。

# 使用秘籍

亲爱的小读者们，欢迎你们和赴赴、变变一起探索奇妙的北京城，一起解开隐藏在古老四合院里的千年未解之谜！

本书为互动百科类儿童读物，笔者建议各位小读者在家长的陪伴下阅读，并按照书中的提示完成相应的互动体验活动。

本书共分为两部分：漫画故事及四合知识。

在漫画故事部分，大家将在赴赴、变变两个小可爱的带领下，了解四合院的前世今生，领略四合院的独特风采，尤其是它们之间插科打诨、令人捧腹的趣味对白，相信会给你留下深刻的印象！

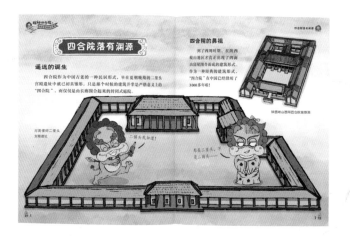

四合知识部分为本书正文部分，主要介绍与四合院有关的各类知识及故事，其中穿插有三个互动功能板块：渊鉴类函、梦溪笔谈、天工开物。

原为清代官修的大型类书，是古代的"数据库"。本书标记为"渊鉴类函"的内容为相关知识拓展，可以让小读者了解更多有趣的文化现象和知识。

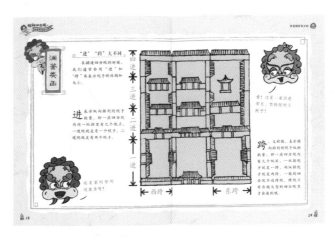

原为北宋科学家沈括编写的一部涉及古代中国自然科学、工艺技术及社会历史现象的综合性笔记体著作，被称为中国古代的"十万个为什么"。本书标记为"梦溪笔谈"的内容为趣味知识互动问答，需要小读者进行大胆探索和猜测。

原为明朝宋应星编著的世界上第一部关于农业和手工业生产的综合性著作，被誉为"中国17世纪的工艺百科全书"。本书标记为"天工开物"的内容为手工互动体验，需要小读者动手动脑完成相关制作或体验活动。

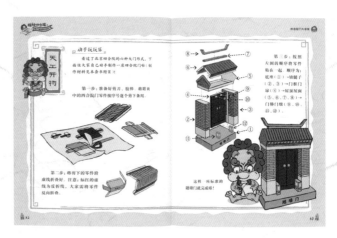

# 目 录

**3　垂花门外百客迎**

4　影壁
6　倒座房
8　垂花门
16　看面墙

**18　垂花门内一家亲**

18　庭院
20　抄手游廊
24　正房
26　耳房
28　厢房
30　后罩房
34　小后门

门前门后，院里院外，跨过这道门槛便嗅到了家的气息。一家人其乐融融地围坐在小院里，是世界上最幸福的事了……

　　穿过院门，我们就进到了四合院内部。由于四合院大小不一、进数有别，四合院里的建筑种类和格局也不尽相同。大一点的四合院的建筑种类和格局比较复杂，小一点的就相对简单些。这里我们以较为常见的三进四合院为例，一起来看看一座传统的中等规模的四合院里主要有哪些建筑。

# 垂花门外百客迎

三进四合院的第一进也称外宅。这里一般供佣人居住或用作年轻少爷的私塾。外宅主要包括影壁、倒座房、垂花门及看面墙等建筑。

咳咳，这院儿里的土怎么那么多呀，扫起来真费劲！

# 影壁

　　推开院门，最先看到的就是门内的影壁。相比四合院外用于显示身份地位的大影壁，四合院内的这座内影壁主要是用来遮挡外人视线，保护家里隐私的。内影壁主要分为独立式和跨山式。

## 独立式影壁

　　主要用于门内空间较宽敞的四合院，影壁墙与厢房的山墙（侧墙）分开而独立存在。

## 跨山式影壁

　　主要用于门内空间较小的四合院，影壁墙与厢房山墙或抄手游廊后檐墙贴合为一体，影壁檐和基座都是直接砌在墙上的。

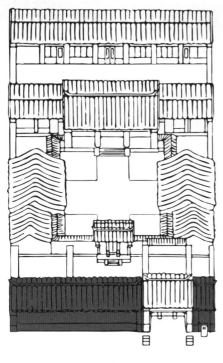

# 倒座房

倒座房位于整座院子的最南侧，也称南房。由于传统的四合院是按照坐北朝南的方位建造的，倒座房临街的一面即南墙一般没有窗户或窗户比较小，所以采光非常不好。

鉴于这一特点，倒座房通常供佣人居住使用。佣人住在这里也方便开关院门，招呼客人。

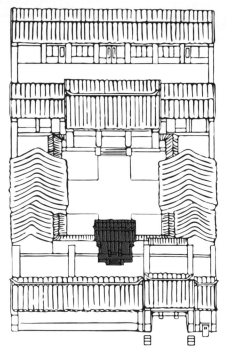

# 垂花门

　　走过外宅，很快就可以看到一座造型别致的院门——垂花门。不同于六种临街四合院大门，垂花门属于四合院的内门，在院外可是看不到的哟。

根本看不到垂花门嘛……

当然看不见啦。垂花门建在内院（二进院）和外院（一进院）之间卡子墙的中间位置，主要用于分隔内外院。

垂花门正视图

**屋顶**

垂花门的屋顶与四合院大门的屋顶差别还是非常大的，一般由两个屋顶拼接而成：前边是带清水正脊的悬山式屋顶，后边是卷棚悬山式屋顶。两个屋顶相交，从侧面看好像英文字母"M"的样子，这种形式在古建筑中叫作"勾连搭"，看起来非常秀气华丽。

**垂柱**

垂柱其实就是被截短的前檐柱，是垂花门的标志性特点。垂柱上一般雕有精美的花纹图案，下端做成花苞的形状，看上去就像一朵倒垂的莲花，垂花门因此而得名。

棋盘门（攒边门）是安装在中柱上的一道门。其门扉的外观与普通的蛮子门、金柱门门扉的外观相比无太大差别。棋盘门一般在白天开启，夜晚时关闭。

屏门 屏门是安装在后檐柱上的一道门，一般装有四扇门扉。平日里屏门通常处于关闭状态，只有遇到重大活动时才会打开。

垂花门侧视图

## 现实中的垂花门

　　如今在北京城的四合院里，还能找到不少保存下来的垂花门。这些门在经历了上百年的风雨后，大部分都变得满目疮痍，残破不堪。不过，近几年在有关部门的支持下，很多老门都得到了修缮保护，垂花门往日的华美与气派又再次展现在世人面前。

恭王府垂花门

故宫乾隆花园垂花门

钱粮胡同垂花门

藕芽胡同垂花门

郭沫若故居垂花门

梦溪笔谈

## 大门不出，二门不迈

　　其实这句话是用来形容像耍耍这样的古代女孩子的，其中"大门"指的是四合院门，"二门"指的就是垂花门。

古时候，由于女性的社会地位较低，很多女孩子在未出嫁时，或是出嫁后未得到丈夫的同意，是不能随便出门的。而对于那些大户人家来说，这条规矩就更严格啦！女性不仅大门不能出，就连院里的二门（垂花门）也是不能随便进出的。这样看来，古代的女孩子才是"名副其实"的"宅女"。

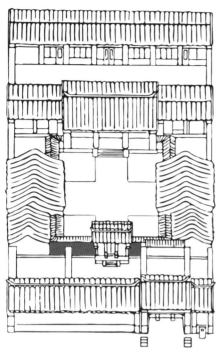

## 看面墙

在垂花门的左右两侧，通常会有两堵用来分隔四合院外宅和内庭的高墙，人们称其为"看面墙"。不同于普通的院墙，看面墙并不是单独砌筑的一堵墙，它是和背面的抄手游廊连为一体的。如果绕到垂花门后面会发现，看面墙其实就是抄手游廊的后檐墙。

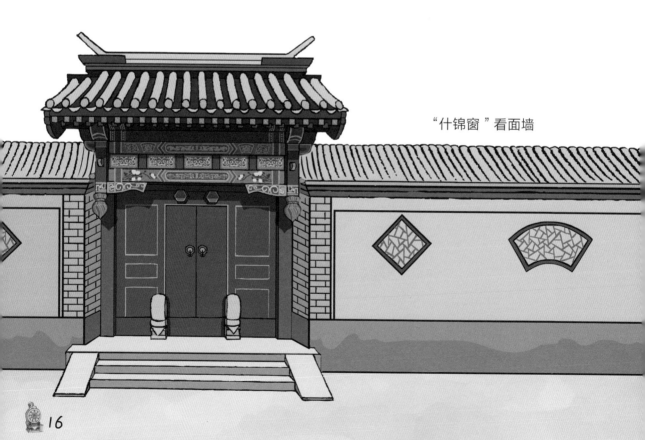

"什锦窗"看面墙

　　看面墙的墙壁装饰与内影壁墙很相似，即墙心部分采用斜砌方砖的方式进行装饰（由于这种装饰形式很像古时膏药铺前挂的幌子，因此老百姓亲切地称其为"膏药幌子"）。除了膏药幌子，还有一种装饰形式，就是在墙上开窗户，称"什锦窗"。这种开窗形式主要出现在抄手游廊墙面上。因为看面墙和背面的抄手游廊共用一堵墙，所以抄手游廊上开的"什锦窗"也就正好成了看面墙上的装饰窗。

"膏药幌子"看面墙

这膏药幌子还真是很像看面墙上的方块格子呢！

# 垂花门内一家亲

## 庭院

迈过了垂花门，眼前的大院子就是赳赳家的内院啦！这里是院主人和家人居住的主院，外人一般是不能随便进来的。看，赳赳一家子正在吃团圆饭呐！

当心，别碰着鱼缸喽，那可是你爷爷的宝！

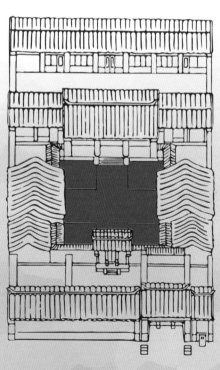

老爸，待会儿吃完饭，我送您回正房休息哈。

看你往哪儿跑，我抓住你啦！

啊！别追我啦，我跑不动啦！

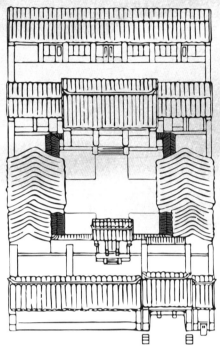

## 抄手游廊

站在庭院中间，环顾整个院子，会发现在正房、东西厢房、垂花门之间有一圈廊子将这几个建筑连接了起来。因为廊子围起来的形状很像人们抄手的动作，所以就有了一个很形象的名字——抄手游廊。

抄手游廊虽不是四合院里的主要建筑，但它的用处还是蛮大的。尤其是到了雨雪天时，院主人无须走到院中，即可在各房间之间穿梭。

抄手游廊的体量小巧，结构简单，一般为四檩卷棚式。一侧无墙，另一侧有墙。无墙一侧通常会在檐枋下安装倒挂楣子，两根柱子之间安装坐凳楣子。有墙一侧通常会在墙上开"什锦窗"，形态各异，趣味十足。

这个动作就叫抄手，一般冬天很冷的时候，人们都会把手抄起来保暖。看这个样子是不是很像院子里的游廊？

梦溪笔谈

## 世界上最长的游廊——颐和园长廊

颐和园长廊是世界上最长的游廊，这座建于200多年前的游廊以728米的长度和14 000余幅的彩画数量打破了吉尼斯世界记录，成为世界上长度最长、彩画最丰富的游廊。

颐和园长廊

颐和园

颐和园长廊上的彩画内容十分丰富，山水、花鸟、四大名著故事等都被描绘在了这728米长的长廊上。

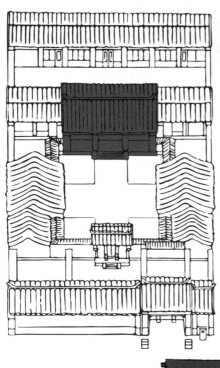

## 正房

　　正房的地位在整座四合院中是最高的，一般是院主人居住的地方。

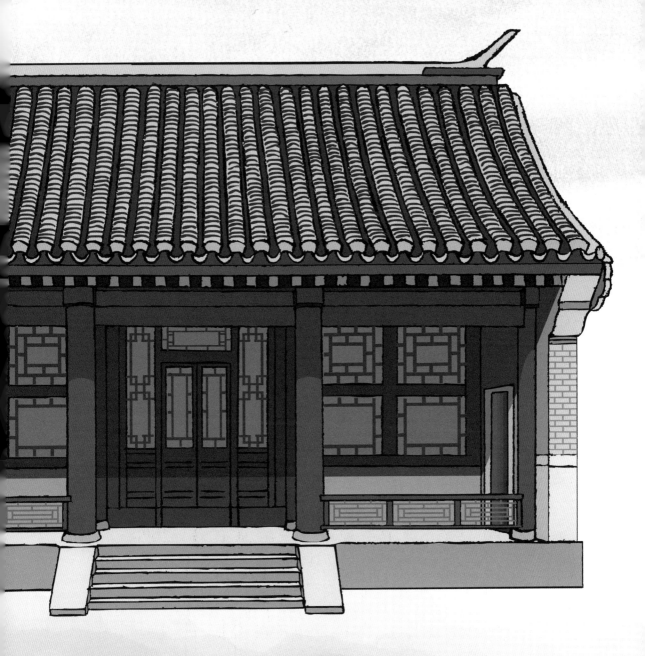

　　正房一般为三间，正中一间叫明间，也叫堂屋，作用类似于今天的客厅，是院主人和家人聊天、休闲的地方。东、西两边的房间叫作次间，其中东次间一般是院主人的卧室。

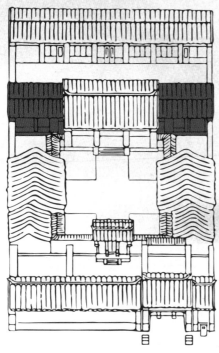

## 耳房

　　耳房是建在正房东、西两侧的附属建筑，通常用来堆放杂物。因外观看上去好像正房的两只耳朵，故得此名。耳房一般是一间或者两间，屋顶和房基都要比正房低。

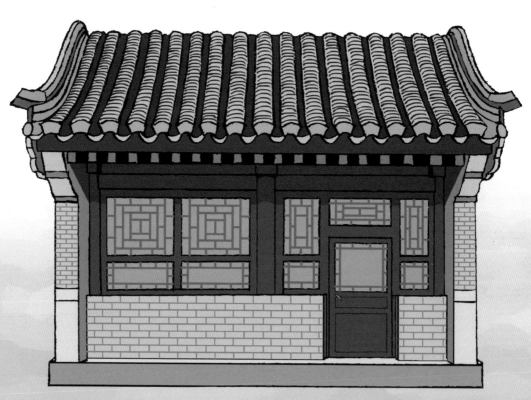

耳房和正房的关系就像
我的耳朵和脑袋的关系
一样，哈哈哈……

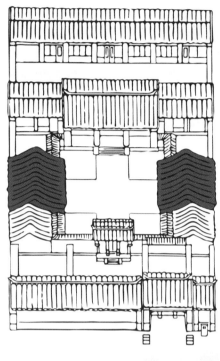

## 厢房

　　厢房位于内院东、西两侧，相对而建。通常也是三间，但等级和大小都不如正房。因为古代以左为上，所以东厢房的地位要比西厢房的地位稍高。

我是大哥，我住东厢房！

切……

厢房通常是给家中的儿女（多为儿子）居住的。一般来说，大儿子住地位稍高的东厢房，二儿子住地位稍低的西厢房。家中的厨房一般会设在东厢房。

你俩别吵啦！大哥，把东厢房厨房借我一用呗，我来给你们做条鱼，消消气儿……

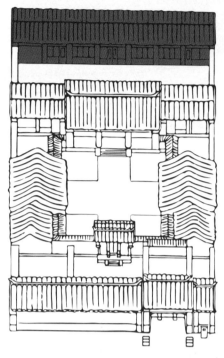

# 后罩房

　　沿着东耳房的过道走进去，就到了整座院子的最后一进了。这进院子相比正房所在的二进院更狭长。院子北侧建有一长排通脊的排房，叫作后罩房。

后罩房一般建有五间房或者更多，但等级不如正房和厢房。后罩房处于四合院的最深处，是供家中地位不高的女眷和女佣人居住的地方。这里也可以作为堆放杂物的储物间。

梦溪笔谈

## 北京最牛气的后罩房——
## 恭王府后罩房（楼）

　　说起后罩房，就不得不提恭王府后罩房，它可是全北京，甚至全中国最牛气的一座后罩房了。

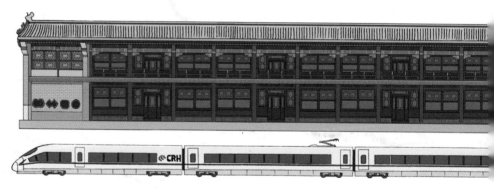

　　恭王府后罩房上下共两层，因此又称后罩楼。这座"楼"全长160余米，相当于6节火车厢连在一起那么长！上下两层共有100多间屋子，每间屋子都进行了精心的设计和装饰。其规模之大、装饰之华丽是全北京任何一座王府的后罩房（楼）都无法比拟的！

恭王府

如果绕到它的后面，你还会惊讶地发现，整座楼的后墙上共开有88扇窗户，而且二层的窗户都有着各自独特的造型，菱形的、桃形的、画轴形的，风格迥异，妙趣横生。

恭王府后罩房（楼）后墙

我滴妈呀！这么长的楼房！王爷走完一趟不累吗？

# 小后门

由于后罩房是整座四合院里最后面的建筑，通常情况下它的后墙都会临街。因此，为了方便与外面连通，一般还会在整座房的西北角开一个小后门。

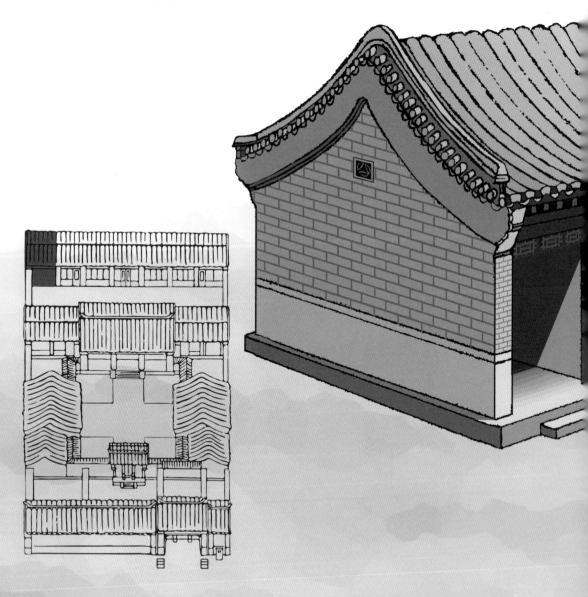

赳赳，你从后门
溜出去干嘛呀？

"嘻嘻，出去找哥们儿玩儿去，
别告诉老爸啊！"